健康果饮，

每天饮用！

思慕雪冰凉果饮
122 款

[日] 平野奈津◎著

尤斌斌◎译

U0251459

中国民族摄影艺术出版社

序言

我跟思慕雪（smoothies）的缘分源于 1997 年。
长那么大第一次品尝到如此绵密口感，
与冰淇淋、普通饮料都完全不同的新鲜细腻，十分美味！
然后一见钟情，彻底爱上了这种饮品。

思慕雪源自美国，
是在冷冻过的新鲜水果中加入蔬菜、牛奶或酸奶等食材，
用榨汁机搅拌制成的冷饮。
这种饮品有助于轻松吸收水果的全部营养，
不但具有美容和保持健康的功效，还是瘦身的好帮手！
对于蔬菜和水果摄入不足的现代人来说，
非常值得推荐。

思慕雪的调制方法非常简单！
只要事先冷冻水果，
之后将所有材料放入榨汁机中搅拌均匀即可。
稍微使用一些小窍门，
每个人都能调制这种美味的果饮。

爱上思慕雪，我每天都沉浸在思慕雪的调制中。
1999 年，终于同家人一起开了一家果饮店。
从那至今，与店里的伙伴们共同创造了许多不同口味的思慕雪果饮。
直到现在，调制思慕雪依然令我觉得开心。
看着食材相融合的样子，仍然让我兴奋不已。
为了传达这份心情，我决定写这本书。

本书收录了包括果饮店提供的饮品在内共 122 种思慕雪果饮。
所有调制法均通过多次试制，以保证家用榨汁机也能制作成功。
请各位读者带着期待的心情尝试调制。

平野奈津

目 录

1 "DRINK DRANK" 的
招牌饮品

本书的使用方法

■材料均为1杯≈200mL。根据水果的状况调整分量和浓稠度。

■材料中，冷冻后使用的水果和蔬菜均印有＊记号。

■热量指的是1杯分量的参考数值。

■大匙1匙为15mL，小匙1匙为5mL。

■微波炉的加热时间指的是使用600W功率规格时所需的时间。如果使用的是500W功率微波炉，所需时间大概为标识的1.2倍。微波炉的型号不同，加热程度也会发生变化，请注意观察情况，调整时间。

2 一年四季都能调制的 经典果饮

3 打破季节限制果饮

春·夏·秋·冬

4 健康果饮

水果＋营养元素调制的

5 搭配蔬菜同样美味健康的
蔬果汁

调制果饮的工具

此处向各位介绍调制本书果饮时所需的工具和其他实用厨具。在正式开始调制果饮前，请先准备以下工具。

榨汁机

调制果饮时最重要的工具。本店一般使用专业榨汁机，不过能处理冰块和冷冻水果的家用榨汁机也可以，本书介绍的果饮样品和拍摄的图片均使用 TESCOM 的"TM835"家用榨汁机。部分型号的榨汁机不可以处理冰块和冷冻水果，不适合用于调制本书介绍的果饮。请仔细阅读说明书加以确认。

手动榨汁机

用于榨取橙子和柠檬等果饮。手动榨汁机分用于榨取柠檬和青柠果饮的小尺寸型号，还有用于榨取橙汁的大尺寸型号。使用时，先将对半切好的水果紧紧按住，用手握着榨汁机的把手左右转动即可。

量杯

用于量取液体材料。准备一个刻度单位为10mL，总量为200mL左右的计量杯即可。

量匙

大匙为 15mL，小匙为 5mL。各准备一把即可。本书中主要用于量取低聚糖和柠檬汁等。

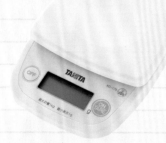

电子秤

用于测量重量。本书中主要用于测量冷冻后的水果。

制冰盒

首先，将柠檬汁或青柠汁倒入制冰盒中冷冻。本书中所使用的是单个边长为3.3cm的正方格制冰盒。

（冷冻用）保鲜袋

封口带有拉锁的密封塑料保鲜袋。将准备用于制作果饮的水果切成合适的尺寸，装入保鲜袋中冷冻。

实用厨具 虽然少了这些厨具也不影响制作，但是如果使用这些厨具，便能更简单快速地调制果饮。熟练掌握使用方法后，会觉得特别实用。

橡胶刮刀

用于将量匙量取的低聚糖全部倒入榨汁机中，或者将粘附在榨汁机内壁的果饮刮干净。

装盘汤匙

实际上，本店就是使用这根汤匙。虽然形状简单，但是汤匙的弯曲幅度适中，刚好用于聚集榨汁机中的果饮并将其倒入玻璃杯中，十分好用。榨汁机的型号不同，适合使用的汤匙形状也不尽相同。如果找到适合的汤匙，调制果饮的过程会变得更加顺利有趣。

长柄汤匙

榨汁机在搅拌过程中没有充分拌匀水果和冰块时，长柄汤匙可用于帮助其搅拌均匀。尽量挑选柄部较长，匙头较小的汤匙，以便轻松插入刀片之间。用于食用法式芭菲果冻冰淇淋的汤匙最佳。

调制果饮的基本步骤

所有果饮的调制方法均相同。
在冷冻和倒入榨汁机中搅拌时，
需要稍微掌握一些小妙招。
只要掌握这点，绝对不会失败。

1

材料切块

将准备用于调制果饮的水果刮皮去籽后，切成一口可以食用的块状。切法因食材而异，请参照各调制法材料目录中的参考页。

2

冷冻

将切好的水果装入保鲜袋中冷冻。装袋时将水果放平，避免重叠，用吸管吸出多余的空气后封口，以保证冷冻后可以轻松取出所需分量。充分冷冻可以保留水果本身的松软口感，请至少冷冻一个晚上以上。

用吸管排出空气！

为了快速冷冻，保存美味，用吸管排出保鲜袋中的空气。将吸管插入保鲜袋的一侧，再将袋口封紧，从吸管中吸出空气，然后快速拔出吸管，密封袋口。这一技巧刚开始可能不太熟练，不过很快就能学会。

冷冻保存当季水果！

待水果成熟，价格便宜的时候购买，切块后冷冻保存。随时可以取出所需分量，品尝新鲜果饮。

3

使用榨汁机搅拌

将冷冻后的水果和其他材料同时倒入榨汁机中，按下启动按钮即可！调制方法仅此而已！

首先使用"榨汁按钮"

"榨汁按钮"是指只有按着该按钮时，刀片才会转动。榨汁机的型号不同，这个功能按钮的叫法也会出现变化，但功能相同。首先分几次重复按住该按钮，每次持续约1秒钟，让刀片小幅度转动，帮助材料更好地混合在一起。

用长柄汤匙拌匀

冰块和冷冻水果没有被彻底搅匀，榨汁机的刀片处于空转状态时，关掉电源打开盖子，将汤匙插入刀片之间翻搅，再次盖上盖子，打开电源。重复几次上述步骤，果饮的口感自然会由注水感变得细腻绵密。

4

倒入玻璃杯中

材料变得松软润滑时，即榨取成功，用汤匙将榨汁机中的果饮全部倒入玻璃杯中。

装饰同样令人期待！

可以将用于调制果饮的新鲜水果作为装饰配料，或者配上香草、坚果、水果干等。装饰果饮能帮助我们发现新的美味，而且可以使果饮的外表更加美观可爱，就算用于招待客人也不会显得寒酸。详情请参照第 26 页。

1

"DRINK DRANK" 的
招牌饮品

店内菜单中的经典果饮
以及不同季节的特供时令果饮。
开店 14 年以来，
绝不外传的改良调制法，
使家用榨汁机也能轻松调制。

经典混合果饮

131 kcal

材料（1 杯的分量：约 200mL）

* ※ 香蕉（冷冻方法请参照第 28 页）······30g
* ※ 苹果（冷冻方法请参照第 36 页）······30g
* ※ 菠萝（冷冻方法请参照第 57 页）······70g
* 橙汁······100mL

制作方法

将所有材料倒入榨汁机中，搅拌均匀
（请参照第 04 页）后倒入玻璃杯中。
如果有新鲜橙子，将其切成圆片后与
薄荷叶一起放入杯中加以装饰。

10 年未曾改变做法的招牌果饮。
调制所需的材料有冷冻过的菠萝、
苹果、香蕉和橙汁。这杯果饮中
含有 1 天所需要摄取的水果量，即
200g。同时还富含膳食纤维。

鳄梨香蕉健康果饮

156 kcal

材料（1 杯的分量：约 200mL）

※ 香蕉（冷冻方法请参照第 28 页）……80g
※ 鳄梨（冷冻方法请参照第 110 页）……20g
　牛奶……80mL
　低聚糖……大匙 1 匙
　柠檬汁……小匙 1 匙

制作方法

将所有材料倒入榨汁机中，搅拌均匀（请参照第 04 页）后倒入玻璃杯中。如果有新鲜柠檬，可将其切成圆片后与薄荷叶一起放入杯中加以装饰。

浓郁柔滑的口感，清新甜美的香味搭配淡绿色的果饮，是一款色香味俱全的饮品。鳄梨富含降低胆固醇的营养元素，同时还含有丰富的维生素，具有美容的功效。这款果饮容易产生饱腹感，建议在肚子微饿时饮用。

饱吸阳光的
热带菠萝汁

145 kcal

材料（1 杯的分量：约 200mL）

※ 菠萝（冷冻方法请参照第 57 页）……120g

牛奶……80mL

低聚糖……大匙 1 匙

柠檬汁……小匙 2 匙

制作方法

🍹 将所有材料倒入榨汁机中，搅拌均匀（请参照第 04 页）后倒入玻璃杯中。

调制的关键在于将甜味和酸味适中的成熟菠萝冷冻后保存。菠萝的功效很多，比如加快新陈代谢，帮助分解糖分，有助于恢复疲劳、开胃消气和促进消化等功效。

在店内的造型是这样的

用菠萝和菠萝叶装饰!

将菠萝切成小方格状放入玻璃杯中,然后插入菠萝叶加以装饰。
看,外观一下子就呈现出菠萝的感觉! 菠萝叶也能冷冻保存,事先
挑选稍微漂亮的菠萝叶洗净冷冻即可。

鲜红的颜色与酸甜的口感广受女性欢迎，同时也是"DRINK DRANK"店员们最喜爱的饮品。三种浆果含有丰富的维生素E、多酚类物质和维生素C，再加上酸奶，搭配出一款具有美容和维持健康功效的果饮。

三莓调制的
红色混合果饮

材料（1 杯的分量：约 200mL）

※ 蓝莓（冷冻）……30g

※ 树莓（冷冻）……30g

※ 草莓（冷冻方法请参照第 56 页）……60g

牛奶……50mL

纯酸奶……30mL

低聚糖……大匙 1 匙

柠檬汁……小匙 1 匙

制作方法

将所有材料倒入榨汁机中，搅拌均匀（请参照第 04 页）后倒入玻璃杯中。如果有新鲜蓝莓、树莓和草莓，将其与薄荷叶一起放入杯中加以装饰。

柠檬与青柠的
混合果饮

176
kcal

材料（1 杯的分量：约 200mL）

※ 柠檬（柠檬汁冰块，请参照第 52 页）……3 块
A 牛奶……30mL

纯酸奶……20mL

香草冰淇淋……50g

低聚糖……大匙 2 匙

冰块（约 3cm³）……2 块

青柠汁……小匙 1 匙

1 杯果饮相当于 1.5 个柠檬，是一款清新爽口的鲜鲜果饮。酸味适中，具有提神的功效。倒入玻璃杯中后再浇上几滴青柠汁，一股清香扑面而来。

制作方法

将柠檬和材料 A 倒入榨汁机中，搅拌均匀（请参照第 04 页）后倒入玻璃杯中。如果有新鲜青柠，将其切成圆片后与薄荷叶一起放入杯中加以装饰。

*用碎冰锥或汤匙将冰块和冷冻的柠檬汁冰块碎成 2~3 小块后，再倒入榨汁机中，可快速制成爽滑的果饮。

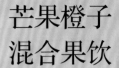

芒果橙子混合果饮

128 kcal

材料（1 杯的分量：约 200mL）

※ 芒果（冷冻方法请参照第 51 页）……60g

※ 橙子（冷冻方法请参照第 22 页）……60g

牛奶……60mL

纯酸奶……30mL

低聚糖……大匙 1 匙

柠檬汁……小匙 1 匙

制作方法

将所有材料倒入榨汁机中，搅拌均匀（请参照第 04 页）后倒入玻璃杯中。

拌着芒果酱品尝，感受味道的变化。

在店内的造型是这样的

芒果肉切成小块，与薄荷叶一起放入杯中。将芒果酱装入另一个容器中作为搭配。在芒果饮中加入芒果酱，1 杯果饮就能品尝到两种不一样的风味。

芒果被称作"水果女王"，除了含有丰富的美容元素维生素 C 以外，还富含有助于延缓衰老的胡萝卜素，加快新陈代谢的维生素 B 等。搭配味道酸甜的橙子，带有热带水果风味，让肌肤焕发健康光泽。

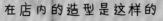

提供芒果酱作为搭配！

猕猴桃苹果
美容果饮

134 *kcal*

猕猴桃和苹果都是富含维生素C的水果，同时还能给疲劳的肌肤补充水润，是美容的最佳搭配。这款果饮口感爽脆和香味酸甜，给人带来幸福的感觉，请一定要在家里调制这份美味。

材料（1杯的分量：约200mL）

※ 猕猴桃（冷冻方法请参照第40页）……40g

※ 苹果（冷冻方法请参照第36页）……70g

牛奶……50mL

纯酸奶……30mL

低聚糖……大匙1匙

柠檬汁……小匙1匙

制作方法

1 将所有材料倒入榨汁机中，搅拌均匀（请参照第04页）。

2 如果有新鲜猕猴桃，将其切成圆片后贴在玻璃杯内壁，再将1倒入玻璃杯中，放上薄荷叶加以装饰。

香蕉巧克力果饮

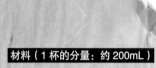

材料（1 杯的分量：约 200mL）

※ 香蕉（冷冻方法请参照第 28 页）……100g

A ｜ 牛奶……80mL
｜ 低聚糖……大匙 1/2 匙
巧克力糖浆……适量

制作方法

1 将香蕉和材料 A 倒入榨汁机中，搅拌均匀（请参照第 04 页）。

2 在玻璃杯内壁浇上巧克力糖浆，再将 1 倒入玻璃杯中。

巧克力与香蕉的搭配，同样广受男性喜爱。不仅容易消化，还能提供能量。错过饭点时，非常推荐饮用这款果饮，既健康，又能带来饱腹感。当然，点心时间也可以来一杯！

在店内的造型是这样的

用巧克力和坚果装饰！

分别将什锦坚果和巧克力板切成丁状，洒在杯中作为装饰。坚果松脆的口感和香味与巧克力的甜香味相得益彰，为果饮更添几分美味！

香蕉黄豆粉果饮

145
kcal

香蕉汁中加入香醇的黄豆粉后，口味偏和风。黄豆粉是指用黄豆磨制而成的粉末，含有丰富的异黄酮和植物蛋白质等深受女性喜爱的营养元素。店内使用的是奈良县本地出产的黄豆粉。

材料（1 杯的分量：约 200mL）

※ 香蕉（冷冻方法请参照第 28 页）……100g

牛奶……80mL

低聚糖……大匙 1/2 匙

黄豆粉……大匙 1 匙

制作方法

将所有材料倒入榨汁机中，搅拌均匀（请参照第 04 页）后倒入玻璃杯中。

在店内的造型是这样的

用糯米圆子和黑蜜汁装饰!

黑蜜汁糯米圆子黄豆粉果饮

放入 3~4 颗小粒的糯米圆子，再浇上一层自制的黑蜜汁。果饮本来带有黄豆粉的香味，加入糯米圆子和黑蜜汁后，和风口味更加鲜明，口感更加温和。

黑蜜汁

材料和制作方法

在小锅中加入 1 大匙黄砂糖、1 大匙红糖粉和 40mL 的纯净水。加热至沸腾后关小火，开始变浓稠后继续熬煮 7 分钟。关火冷却后放入冰箱内冷冻。装入密封容器中放入冰箱冷藏，大致可以保存 3 周。

糯米圆子

材料（4 粒）和制作方法

1 在碗中倒入 20g 糯米粉，将 20mL 的纯净水分几次倒入碗中，同时用手揉合，直至面团与耳垂差不多软。将面团分成 4 份，揉成丸子状。

2 在锅中烧热水，沸腾后倒入 1。糯米圆子浮上水面后再继续煮 1 分钟左右。过冷水后滤去水分。放的时间过长，圆子会变硬，所以最好在当天用完。

搭配香蕉、抹茶与牛奶的暖心之作。抹茶富含的儿茶素和维生素 C 具有延缓衰老、预防皮肤老化和预防感冒的功效。同时，香蕉中含有丰富的维生素，二者的强强联手有助于永葆美丽和维持健康。

材料（1 杯的分量：约 200mL）

※ 香蕉（冷冻方法请参照第 28 页）……100g

牛奶……80mL

抹茶粉……大匙 1/2 匙

低聚糖……大匙 1/2 匙

制作方法

将所有材料倒入榨汁机中，搅拌均匀（请参照第 04 页）后倒入玻璃杯中。

宇治抹茶香蕉汁

128 kcal

在店内的造型是这样的

用糯米圆子和红豆装饰!

放入糯米圆子（制作方法请参照第 13 页）和煮熟的红豆（罐头装），打造出甜点的感觉。红豆的甜味正好中和了抹茶微苦的味道，搭配出一款健康美味的绝妙饮品。

豪华草莓果饮

139 kcal

■ 材料（1 杯的分量：约 200mL）

※ 草莓（冷冻方法请参照第56页）……120g

牛奶……50mL

纯酸奶……50mL

低聚糖……大匙 1 匙

柠檬汁……小匙 1 匙

■ 制作方法

将所有材料倒入榨汁机中，搅拌均匀（请参照第04页）后倒入玻璃杯中。

草莓爱好者绝对要尝试调制的一款果饮。这款果饮含有丰富的维生素 C 以及属于膳食纤维之一的果胶质，因此具有美容和调节肠道的功效。本店一般使用偏甜的奈良产草莓"古都华"。

在店内的造型是这样的

浇上一层草莓沙司!

新鲜草莓切成小块，与薄荷叶一起放入玻璃杯中加以装饰，再浇上 10~20mL 的自制草莓沙司。关于制作草莓沙司，只要将材料同时倒入榨汁机中搅拌均匀即可，十分简单。草莓沙司色泽鲜亮、气味甜香、口味酸甜，给人带来一种幸福感。

草莓沙司

材料和制作方法

将 50g 草莓、1 小匙柠檬汁以及 2 小匙白砂糖一起倒入榨汁机中搅拌均匀。由于量少，因此需要频繁用长柄汤匙插入刀片间翻搅，以帮助彻底搅拌均匀。

豪华哈密瓜汁

110 kcal

初夏是吃哈密瓜的大好时节。进入初夏时节，可以买到既便宜又美味的哈密瓜，请务必尝试一下调制味道清甜、香味扑鼻的哈密瓜汁。哈密瓜含有丰富的钾元素，具有预防水肿的功效。

材料（1 杯的分量：约 200mL）

※ 哈密瓜（冷冻方法请参照第 60 页）……120g

牛奶……80mL

低聚糖……大匙 1 匙

制作方法

将所有材料倒入榨汁机中，搅拌均匀（请参照第 04 页）后倒入玻璃杯中。如果有新鲜哈密瓜，将其切成扇形后放入杯中加以装饰。

在店内的造型是这样的

稍微洒点食盐调制

咸味哈密瓜汁

给哈密瓜汁洒上一小撮食盐，可以突出甜味，使整体风味更佳！为了从外观上也能突出咸味，可在玻璃杯边缘抹上一圈食盐，方法是在装杯前用水将玻璃杯边缘打湿，在平盘中铺上一层食盐，再将玻璃杯轻轻地反扣在平盘中，这样一来，玻璃杯边缘就能自然而然地沾满食盐。最后使用切成小块的哈密瓜和薄荷叶加以装饰！

限季特供

豪华蓝莓汁

129
kcal

蓝莓中所含的紫色色素是属于多酚类物质之一的花青素，具有缓解眼部疲劳、预防视力下降的功效。采收蓝莓的最好时节在 6~8 月。蓝莓产期很短，本店在调制蓝莓汁时大量使用本地出产的蓝莓。

材料（1 杯的分量：约 200mL）

※ 蓝莓（冷冻）……100g
牛奶……40mL
纯酸奶……30mL
低聚糖……大匙 1 匙
柠檬汁……小匙 1 匙

制作方法

将所有材料倒入榨汁机中，搅拌均匀（请参照第 04 页）后倒入玻璃杯中。如果有新鲜蓝莓，将其与薄荷叶一起放入杯中加以装饰。

清爽砂梨汁

133 *kcal*

材料（1 杯的分量：约 200mL）

※ 砂梨（冷冻方法请参照第 66 页）……130g

　牛奶……40mL

　纯酸奶……40mL

　低聚糖……大匙 1 匙

　柠檬汁……小匙 2 匙

制作方法

将所有材料倒入榨汁机中，搅拌均匀（请参照第 04 页）后倒入玻璃杯中。如果有新鲜砂梨，将其切成半月形后放入杯中加以装饰。

口感温和爽脆，给人一种夏天的感觉。砂梨富含人体流汗而容易流失的钾元素，以及具有消暑解乏功效的天冬氨酸。再加上其味道清爽，经常饮用有助于恢复精神。在容易疲乏的炎热夏季，是值得强烈推荐的一款果饮。

香甜葡萄汁

（137 kcal）

材料（1 杯的分量：约 200mL）

※ 葡萄（无籽巨峰葡萄，冷冻方法请参照第 68 页）……150g

牛奶……50mL

纯酸奶……30mL

低聚糖……大匙 1/2 匙

柠檬汁……小匙 1 匙

制作方法

 将所有材料倒入榨汁机中，搅拌均匀（请参照第 04 页）后倒入玻璃杯中。如果有新鲜葡萄，将其切成两半后与薄荷叶一起放入杯中加以装饰。

这杯果饮中装满了味甜香浓的巨峰葡萄。葡萄含有丰富的葡萄糖，能够在短时间内转化成能量，在夏季有助于恢复疲劳。葡萄糖还能为大脑补充营养，有助于提神醒脑提高注意力。

酸甜苹果汁

134 *kcal*

进入秋季后，强烈推荐调制和饮用的一款果饮。本店主要使用酸味和甜味适中的"秋映"苹果、"富士"苹果和"津轻"苹果等。这些品种的苹果口感爽脆，适合用于制成果饮。

材料（1 杯的分量：约 200mL）

※ 苹果（冷冻方法请参照第 36 页）……110g

牛奶……50mL

纯酸奶……30mL

低聚糖……大匙 1 匙

柠檬汁……小匙 1 匙

制作方法

将所有材料倒入榨汁机中，搅拌均匀（请参照第 04 页）后倒入玻璃杯中。如果有新鲜苹果，将其切成半月形后放入杯中加以装饰。

温州蜜桔汁

126 *kcal*

蜜桔外表朴素，味道令人怀念，深受人们喜爱。因为含有丰富的维生素，不仅具有美容的功效，还有助于预防感冒。制成果饮时常常连着橘络榨汁，可以帮助人体摄取充足的膳食纤维。

材料（1 杯的分量：约 200mL ）

＊ 蜜桔（冷冻方法请参照第 70 页）……120g

牛奶……40mL

纯酸奶……40mL

低聚糖……大匙 1 匙

柠檬汁……小匙 1 匙

制作方法

将所有材料倒入榨汁机中，搅拌均匀（请参照第 04 页 ）后倒入玻璃杯中。如果有新鲜蜜桔，将其去皮切成圆片后与薄荷叶一起放入杯中加以装饰。

限季特供

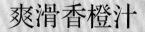

爽滑香橙汁

(185 kcal)

少量使用香橙可增添香味。大量使用香橙汁，主要是品尝其酸甜的口感和浓烈的香气。使用香草冰淇淋，是为了缓解香橙的酸味和苦味。本店使用的是奈良本地出产的金黄色圆形香橙。

材料（1 杯的分量：约 200mL）

※ 香橙（香橙冷冻方法请参照第 72 页）……3 块

牛奶……50mL

香草冰淇淋……50g

纯酸奶……20mL

低聚糖……大匙 1 匙

冰块（约 3cm³）……2 块

制作方法

将所有材料倒入榨汁机中，搅拌均匀（请参照第 04 页）后倒入玻璃杯中。如果有新鲜香橙皮，将其切丝后放入杯中加以装饰。

* 用碎冰锥或汤匙将冰块、冷冻的香橙汁冰块碎成 2~3 小块，再倒入榨汁机中，快速制成爽滑的果饮。

装饰配料

装饰配料能让果饮变得更加美味和美观。中途使用配料还能改变果饮的味道和口感。可试着搭配各种配料！

食盐

就像吃西瓜前在西瓜上洒点食盐一样，稍微加点食盐有助于突出水果的甜味。

黑蜜汁

用小锅简单熬制的自制黑蜜汁。制作方法请参照第 13 页。搭配黄豆粉和糯米圆子也同样美味。

巧克力碎片

用菜刀将巧克力板切成碎片。松脆的口感为果饮加分。建议最好选用微苦的巧克力。

焦糖沙司

制作方法请按照第 28 页。用微波炉就能轻松熬制，味道甜中带苦，用于点缀多种果饮。

糯米圆子

多与使用抹茶和黄豆粉的果饮作搭配，打造和式风味的甜点。制作方法请参照第 13 页。

坚果

什锦坚果碎片。坚果的香味与果饮的甜味相得益彰。

椰果

适合搭配菠萝汁或芒果饮等热带风味的果饮。富有弹性的口感容易让人上瘾。

果酱

搭配与该果饮相同的水果果酱。中途将果酱加入果饮中，一杯果饮可以品尝到两种不同的风味。

蜂蜜

蜂蜜和酸味较强的水果简直就是绝配。一边搅拌一边饮用，味道香甜温和。

草莓沙司

将草莓、白砂糖和柠檬汁倒入榨汁机搅拌均匀即可。颜色和味道都很可爱。制作方法请参照第 17 页。

巧克力沙司

使用市面上销售的成品，非常方便。适合搭配使用香蕉、橙子、菠萝等多种果饮。

炼乳

搭配草莓的甜牛奶在调制果饮时也能大显身手，同样适合搭配芒果饮和木瓜汁等。

红豆

红豆和抹茶是绝配。同样适合搭配椰奶或热带水果，请一定要尝试制作。

2

一年四季都能调制的
经典果饮

用随时随地都能买到的平价水果制作的果饮，
强烈推荐初学者尝试调制。
附有图片，简明易懂地解说每种水果的切法和
冷冻方法。

香蕉

含有丰富的维生素 B、钾元素和膳食纤维，营养均衡，素有"奇迹水果"之称。适合搭配所有水果，可作主角也可作配角。最好使用熟透的香蕉进行冷冻处理。

黑点

香蕉成熟后表皮容易出现的黑褐色斑点。如左图所示，这种香蕉最适合用于调制本书中的果饮。如果过分成熟，容易变得滑溜，口感也随之变差。

切法和冷冻方法

1 剥去外皮，切成厚度为 1cm 的圆片。

2 平放在用于冷冻的保鲜袋中，吸出袋中的空气（请参照第 03 页），再放入冷冻室中冷冻。

01

浇上一层焦糖沙司！

浇上一层自制的焦糖沙司，简单的果饮立马上升一个档次。焦糖沙司的制作法十分简单，只要用微波炉加热即可。不过，加热后会变得非常烫，小心不要烫伤手。

02

人人喜爱的简单美味

香蕉汁

120 kcal

材料（1 杯的分量：约 200mL）

※ 香蕉（冷冻方法请参照上面所述）……100g

牛奶……80mL

低聚糖……大匙 1/2 匙

制作方法

将所有材料倒入榨汁机中，搅拌均匀（请参照第 04 页）后倒入玻璃杯中。

焦糖沙司

材料和制作方法

1 在微波炉专用碗中加入 2 大匙红糖和 1 大匙纯净水，放入微波炉（600W）中加热 2 分 30 秒。

2 迅速往 1 中加入 1 大匙纯净水，拌匀后倒入其他容器中冷却。加水时会往外溅水，小心不要烫伤手。

新店开张时最受外国人喜爱的果饮

香蕉柳橙汁

(135 kcal)

材料（1 杯的分量：约 200mL）

※ 香蕉（冷冻方法请参照第 28 页）……50g

※ 橙子（冷冻方法请参照第 32 页）……60g

　　牛奶……50mL

　　纯酸奶……50mL

　　低聚糖……大匙 1 匙

　　柠檬汁……小匙 1 匙

制作方法

将所有材料倒入榨汁机中，搅拌均匀
（请参照第 04 页）后倒入玻璃杯中。
如果有新鲜橙子，将其切成半月形后
放入杯中加以点缀。

补充膳食纤维的最佳选择!

香蕉蓝莓汁

(125 kcal)

材料（1 杯的分量：约 200mL）

※ 香蕉（冷冻方法请参照第 28 页）……80g

※ 蓝莓（冷冻）……30g

　　牛奶……80mL

　　低聚糖……大匙 1 匙

　　柠檬汁……小匙 1 匙

制作方法

将所有材料倒入榨汁机中，搅拌均匀
（请参照第 04 页）后倒入玻璃杯中。
如果有新鲜蓝莓，将其与薄荷叶一起
放入杯中加以点缀。

05

绝妙的酸甜口感，具有美容功效

香蕉菠萝汁

139
kcal

材料 (1 杯的分量：约 200mL)

※ 香蕉（冷冻方法请参照第 28 页）……70g

※ 菠萝（冷冻方法请参照第 48 页）……40g

　　牛奶……80mL

　　低聚糖……大匙 1 匙

　　柠檬汁……小匙 1 匙

制作方法

将所有材料倒入榨汁机中，搅拌均
匀（请参照第 04 页）后倒入玻璃
杯中。

06

酸奶的乳酸菌与香蕉的膳食纤维有助于疏通肠胃

香蕉曲奇汁

193 *kcal*

材料（1 杯的分量：约 200mL）

※ 香蕉（冷冻方法请参照第 28 页）……110g

　牛奶……40mL

　纯酸奶……40mL

　低聚糖……大匙 1 匙

　巧克力曲奇……1 块

制作方法

将所有材料倒入榨汁机中，搅拌均匀（请参照第 04 页）后倒入玻璃杯中。如果有巧克力曲奇，将其放入杯中加以点缀。

橙子

富含具有美容功效的维生素 C 和胡萝卜素，气味清香、口感酸甜，呈鲜艳的桔红色，是一种给人带来活力的健康水果。除了冷冻保存以外，橙子还用于调制各种果饮。

切法和冷冻方法

1 首先稍微切去头尾部分，再使用水果刀切去果皮。

2 切成两半后，再将果肉切成约 2cm² 的小块，最后去籽。

3 平放在用于冷冻的保鲜袋中，吸出袋中的空气（请参照第 03 页），再放入冷冻室中冷冻。

冷冻果肉和果饮打造的醇正橙汁

橙汁

66 kcal

材料（1 杯的分量：约 200mL）

※ 橙子（冷冻方法，请参照上面所述）……100g

橙汁……100mL

制作方法

 将所有材料倒入榨汁机中，搅拌均匀（请参照第 04 页）后倒入玻璃杯中。

08

树莓的香味具有燃烧脂肪的功效！

树莓橙汁

124 kcal

材料（1 杯的分量：约 200mL）

※ 橙子（冷冻方法请参照第 32 页）……70g

※ 树莓（冷冻）……30g

牛奶……50mL

纯酸奶……50mL

低聚糖……大匙 1 匙

柠檬汁……小匙 1 匙

制作方法

将所有材料倒入榨汁机中，搅拌均匀（请参照第 04 页）后倒入玻璃杯中。如果有新鲜树莓，将其与薄荷叶一起放入杯中加以点缀。

有助于消除眼部疲劳，集中注意力

蓝莓橙汁

131
kcal

材料（1 杯的分量：约 200mL ）

※ 橙子（冷冻方法请参照第 32 页）……90g

※ 蓝莓（冷冻）……30g

牛奶……50mL

纯酸奶……60mL

低聚糖……大匙 1 匙

柠檬汁……小匙 1 匙

制作方法

将所有材料倒入榨汁机中，搅拌均匀（请参照第 04 页）后倒入玻璃杯中。

香气浓厚的热带风味！色泽艳丽，充满活力

木瓜橙汁

107 kcal

材料（1 杯的分量：约 200mL）

❋ 橙子（冷冻方法请参照第 32 页）……60g

❋ 木瓜（冷冻方法请参照第 39 页）……40g

　牛奶……80mL

　低聚糖……大匙 1 匙

　柠檬汁……小匙 2 匙

制作方法

将所有材料倒入榨汁机中，搅拌均匀（请参照第 04 页）后倒入玻璃杯中。如果有新鲜木瓜，将其切成小块后放入杯中加以点缀。

浇上鲜橙汁！

将鲜橙汁装入另一个容器中作为搭配。中途浇上橙汁饮用，风味更佳。新鲜橙子的清香衬托出清爽的口感。

苹果

含有丰富的膳食纤维和钾元素。有助于消化，如果感觉肠胃不适，生病初愈或没有胃口时，建议多食用苹果。由于苹果切开后容易氧化，最好稍微泡过盐水后再进行冷冻。

切法和冷冻方法

1 将 1 个苹果切成 8 块半月形。然后切去苹果芯和果皮。

2 分别切成厚度约为 2cm 的小块。

3 稍微泡过盐水后滤去水分，以防止氧化。

4 平放在用于冷冻的保鲜袋中，吸出袋中的空气（请参照第 03 页），再放入冷冻室中冷冻。

被温和的香味与甘甜的口感所治愈

蜂蜜苹果汁

170 kcal

材料（1 杯的分量：约 200mL）

※ 苹果（冷冻方法请参照上面所述）……110g

A 牛奶……60mL
　　纯酸奶……20mL
　　柠檬汁……小匙 1 匙
蜂蜜……大匙 1 匙

制作方法

1 将苹果和材料 A 倒入榨汁机中，搅拌均匀（请参照第 04 页）。

2 将 1 倒入玻璃杯中，浇上蜂蜜。

13

清新爽口，充满活力的味道

苹果鲜橙汁

96 kcal

材料（1杯的分量：约200mL）

※ 苹果（冷冻方法请参照第36页）……100g

鲜橙汁……120mL

制作方法

 将所有材料倒入榨汁机中，搅拌均匀
（请参照第04页）后倒入玻璃杯中。

14

清爽的口感带来舒畅的心情

苹果柠檬汁

（**145** kcal）

材料（1杯的分量：约200mL）

- ※ 苹果（冷冻方法请参照第36页）……90g
- ※ 柠檬（柠檬汁冰块，请参照第52页）……1块
- 牛奶……70mL
- 纯酸奶……30mL
- 低聚糖……大匙1匙

制作方法

 将所有材料倒入榨汁机中，搅拌均匀（请参照第04页）后倒入玻璃杯中。

* 用碎冰锥或汤匙将冷冻的柠檬汁冰块碎成2~3小块后再倒入榨汁机中，快速制成爽滑的果饮。

搭配苹果沙司！

将苹果沙司装入另一个容器中作为搭配，也可以中途将苹果沙司加入果饮中饮用。对于不喜欢酸味的人来说，绝对是完美的甜蜜。

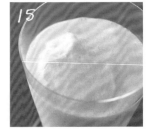

木瓜的切法和冷冻方法

1 竖着切成两半，用汤匙挖去木瓜籽。

2 再竖着切成两半，然后去皮。

3 再竖着切成两半，分别切成厚度约 2cm 的小块。接着平放在用于冷冻的保鲜袋中，吸出袋中的空气（请参照第 03 页），再放入冷冻室中冷冻。

特别适合容易贫血的人饮用

苹果木瓜汁

133 kcal

材料（1 杯的分量：约 200mL）

※ 苹果（冷冻方法请参照第 36 页）……80g

※ 木瓜（冷冻方法请参照上面所述）……40g

牛奶……40mL

纯酸奶……40mL

低聚糖……大匙 1 匙

柠檬汁……小匙 2 匙

制作方法

将所有材料倒入榨汁机中，搅拌均匀（请参照第 04 页）后倒入玻璃杯中。

猕猴桃

是含维生素 C 最多的水果，还含有丰富的维生素 E、胡萝卜素和钾元素，此外还富含柠檬酸等有机酸，具有恢复疲劳、预防贫血的功效。猕猴桃酸味独特，有助于恢复精力，爽脆的口感同样富有魅力。

切法和冷冻方法

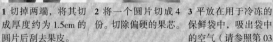

1 切掉两端，将其切成厚度约为 1.5cm 的圆片后刮去果皮。

2 将一个圆片切成 4 份。切除偏硬的果芯。

3 平放在用于冷冻的保鲜袋中，吸出袋中的空气（请参照第 03 页），再放入冷冻室中冷冻。

直接品尝最新鲜的美味

猕猴桃汁

81
kcal

材料（1 杯的分量：约 200mL）

※ 猕猴桃（冷冻方法请参照上面所述）……110g

　　纯净水……80mL

　　低聚糖……大匙 1 匙

　　柠檬汁……小匙 1 匙

制作方法

将所有材料倒入榨汁机中，搅拌均匀（请参照第 04 页）后倒入玻璃杯中。如果有新鲜猕猴桃，将其切成圆片后放入杯中加以点缀。

富含维生素 C 的搭配有助于抵抗紫外线

猕猴桃葡萄柚汁

126 kcal

材料（1 杯的分量：约 200mL）

※ 猕猴桃（冷冻方法请参照第 40 页）……60g

※ 葡萄柚（冷冻方法请参照第 44 页）……50g

　牛奶……50mL

　纯酸奶……40mL

　低聚糖……大匙 1 匙

　柠檬汁……小匙 1 匙

制作方法

 将所有材料倒入榨汁机中，搅拌均匀（请参照第 04 页）后倒入玻璃杯中。

牛奶作为底料，酸味温和，有光泽肌肤的效果 （140 kcal）

猕猴桃柠檬汁

材料（1 杯的分量：约 200mL）

※ 猕猴桃（冷冻方法请参照第 40 页）……80g

※ 柠檬（柠檬汁冰块，请参照第 52 页）……1 块

　牛奶……60mL

　纯酸奶……40mL

　低聚糖……大匙 1 匙

制作方法

将所有材料倒入榨汁机中，搅拌均匀（请参照第 04 页）后倒入玻璃杯中。如果有新鲜猕猴片，将其放入杯中加以点缀。

* 用碎冰锥或汤匙将冷冻的柠檬汁冰块碎成 2~3 小块后再倒入榨汁机中，快速制成爽滑的果饮。

完美中和了酸味和甜味 （173 kcal）

猕猴桃菠萝汁

材料（1 杯的分量：约 200mL）

※ 猕猴桃（冷冻方法请参照第 40 页）……60g

※ 菠萝（冷冻方法请参照第 48 页）……50g

　牛奶……50mL

　纯酸奶……50mL

　低聚糖……大匙 1 匙

　柠檬汁……小匙 1 匙

制作方法

将所有材料倒入榨汁机中，搅拌均匀（请参照第 04 页）后倒入玻璃杯中。

富含钾元素，有助于排除身体毒素

猕猴桃哈密瓜汁

122
kcal

材料（1 杯的分量：约 200mL）

※ 猕猴桃（冷冻方法请参照第 40 页）……20g

※ 哈密瓜（冷冻方法请参照第 60 页）……90g

牛奶……90mL

低聚糖……大匙 1 匙

柠檬汁……小匙 1 匙

制作方法

 将所有材料倒入榨汁机中，搅拌均匀（请参照第 04 页）后倒入玻璃杯中。

葡萄柚

含有丰富的维生素 C。苦味物质柚苷有助于加速脂肪分解。大多数人觉得葡萄柚的皮很难剥，不过使用以下方法就非常简单。也可以使用酸味较低的粉红葡萄柚。

切法和冷冻方法

1 稍微切去头尾部分，再使用水果刀切去果皮以及白色部分，竖着切下果肉。

2 竖着切成两半后，再将果肉切成边长约2cm的小块，最后去籽。

3 平放在用于冷冻的保鲜袋中，吸出袋中的空气（请参照第 03 页），再放入冷冻室中冷冻。

22

柚香味有助于缓解压力

葡萄柚汁

(115 kcal)

材料（1 杯的分量：约 200mL）

※ 葡萄柚（冷冻方法请参照上面所述）……120g

牛奶……50mL

纯酸奶……30mL

低聚糖……大匙 1 匙

柠檬汁……小匙 1 匙

制作方法

将所有材料倒入榨汁机中，搅拌均匀（请参照第 04 页）后倒入玻璃杯中。如果有新鲜葡萄柚，将其切成半月形后放入杯中加以点缀。

23

酸味低，富含胡萝卜素和番茄红素

粉红葡萄柚汁

120 kcal

材料（1 杯的分量：约 200mL）

※ 粉红葡萄柚（冷冻方法请参照第 44 页）……120g

牛奶……50mL

纯酸奶……40mL

低聚糖……大匙 1 匙

柠檬汁……小匙 1 匙

制作方法

📋 将所有材料倒入榨汁机中，搅拌均匀（请参照第 04 页）后倒入玻璃杯中。如果有新鲜粉红葡萄柚，将其切成半月形后放入杯中加以点缀。

出乎意料的搭配，实际上非常合适！

葡萄柚香蕉汁

(77 kcal)

材料（1 杯的分量：约 200mL）

※ 葡萄柚（冷冻方法请参照第 44 页）……70g

※ 香蕉（冷冻方法请参照第 28 页）……40g

　牛奶……80mL

　低聚糖……大匙 1 匙

　柠檬汁……小匙 1 匙

制作方法

将所有材料倒入榨汁机中，搅拌均匀（请参照第 04 页）后倒入玻璃杯中。如果有香蕉片，将其放入杯中加以点缀。

一杯中包含了前三名最受喜爱的柑橘类水果

葡萄柚柠檬橙汁

(83 kcal)

材料（1 杯的分量：约 200mL）

※ 葡萄柚（冷冻方法请参照第 44 页）……90g

※ 柠檬（柠檬汁冰块，请参照第 52 页）……1 块

　鲜橙汁……100mL

制作方法

将所有材料倒入榨汁机中，搅拌均匀（请参照第 04 页）后倒入玻璃杯中。

* 用碎冰锥或汤匙将冷冻的柠檬汁冰块碎成 2~3 小块后，再倒入榨汁机中，快速制成爽滑的果饮。

2.6

酸爽口感有助于缓解身体疲乏

葡萄柚橙汁

114 kcal

材料（1 杯的分量：约 200mL）

※ 葡萄柚（冷冻方法请参照第 44 页）……30g

※ 橙子（冷冻方法请参照第 32 页）……80g

牛奶……50mL

纯酸奶……30mL

低聚糖……大匙 1 匙

柠檬汁……小匙 1 匙

制作方法

将所有材料倒入榨汁机中，搅拌均匀（请参照第 04 页）后倒入玻璃杯中。如果有新鲜橙子，将其切成半月形后放入杯中加以点缀。

菠萝

含有丰富的维生素 C 和柠檬酸,具有恢复疲劳和延缓衰老的功效。如果你从来没有买过一整个菠萝,可以乘此机会尝试买一个,顺便学习如何巧切菠萝。菠萝可被用来调制多种果饮,最好事先冷冻保存。

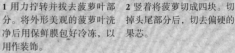

1 用力拧转并拔去菠萝叶部分。将外形美观的菠萝叶洗净后用保鲜膜包好冷冻,以用作装饰。

2 竖着将菠萝切成四块。切掉头尾部分后,切去偏硬的果芯。

适合酷暑日饮用的热带美味

椰奶菠萝汁

178 kcal

材料(1 杯的分量:约 200mL)

※ 菠萝(冷冻方法请参照上面所述)……120g

　　椰奶……30mL

　　牛奶……60mL

　　低聚糖……大匙 1 匙

　　柠檬汁……小匙 1 匙

制作方法

将所有材料倒入榨汁机中,搅拌均匀(请参照第 04 页)后倒入玻璃杯中。如果有椰果,将其放入杯中加以点缀。

3 将水果刀插入果皮与果肉之间，沿着果肉切去果皮，再切成厚度约为 2cm 的小块。

4 平放在用于冷冻的保鲜袋中，吸出袋中的空气（请参照第 03 页），再放入冷冻室中冷冻。

28

使用鲜橙汁，使香味更加清爽

菠萝甜橙汁

76 kcal

材料（1 杯的分量：约 200mL）

※ 菠萝（冷冻方法请参照第 48 页）……50g

※ 橙子（冷冻方法请参照第 32 页）……40g

鲜橙汁……100mL

制作方法

将所有材料倒入榨汁机中，搅拌均匀（请参照第 04 页）后倒入玻璃杯中。

29

酸甜爽口的味道
菠萝苹果汁

(138 kcal)

材料（1 杯的分量：约 200mL）

※ 菠萝（冷冻方法请参照第 48 页）……80g

※ 苹果（冷冻方法请参照第 36 页）……30g

　牛奶……80mL

　低聚糖……大匙 1 匙

　柠檬汁……小匙 1 匙

制作方法

 将所有材料倒入榨汁机中，搅拌均匀（请参照第 04 页）后倒入玻璃杯中。如果有菠萝叶，将其放入杯中加以点缀。

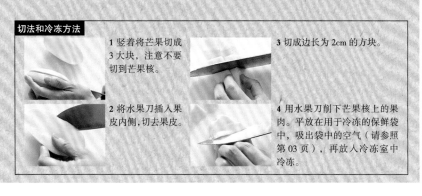

切法和冷冻方法

1 竖着将芒果切成 3 大块，注意不要切到芒果核。

2 将水果刀插入果皮内侧，切去果皮。

3 切成边长为 2cm 的方块。

4 用水果刀削下芒果核上的果肉。平放在用于冷冻的保鲜袋中，吸出袋中的空气（请参照第 03 页），再放入冷冻室中冷冻。

南国热带岛屿一般的氛围

菠萝芒果汁

126 *kcal*

材料（1 杯的分量：约 200mL）

※ 菠萝（冷冻方法请参照第 48 页）……60g

※ 芒果（冷冻方法请参照上面所述）……40g

　牛奶……30mL

　纯酸奶……50mL

　低聚糖……大匙 1 匙

　柠檬汁……小匙 1 匙

制作方法

将所有材料倒入榨汁机中，搅拌均匀（请参照第 04 页）后倒入玻璃杯中。如果有菠萝叶，将其插入杯中加以点缀。

柠檬

一说到维生素C，很多人首先会想到柠檬。如果制成果饮，仅一杯就能摄取人体所需的分量。只要使用牛奶或冰淇淋就能中和酸味，喝起来酸度适中，口感温润。

1 杯中含有 1.5 个柠檬，帮助赶走疲劳

柠檬酸奶果饮

176 kcal

材料（1 杯的分量：约 200mL）

※ 柠檬（柠檬汁冰块，参照上面所述）……3 块

牛奶……30mL

纯酸奶……20mL

香草冰淇淋……50g

低聚糖……大匙 1 匙

冰块（约 3cm³）……2 块

制作方法

将所有材料倒入榨汁机中，搅拌均匀（请参照第 04 页）后倒入玻璃杯中。如果有新鲜柠檬，将其切成圆片后放入杯中加以点缀。

* 用碎冰锥或汤匙将冰块和冷冻的柠檬汁冰块碎成 2~3 小块后，再倒入榨汁机中，快速制成爽滑的果饮。

3 将柠檬汁倒入制冰盒（边长约3~3.5cm的方格）中，放入冷冻室冷冻。

4 冷冻完后从制冰盒中取出冰块，装袋后放入冷冻室保存。

32

33

浇上蜂蜜！

倒入玻璃杯中后，再浇上蜂蜜，变成孩子们喜爱的蜂蜜柠檬口味。有些蜂蜜会因为果饮的低温而出现结晶，即使搅拌也无法溶化。不过，这种润滑的口感同样美味。

使用青柠代替柠檬！

青柠的冷冻方法与柠檬相同。榨取果饮后倒入制冰盒中冷冻。用青柠调制的青柠酸奶果饮芳香馥郁，微苦口感适合成年人的口味。所用的量与柠檬相同，1杯中加入3块冷冻青柠汁冰块即可。

更换底料，换换口味

本书中的果饮，均是将经过冷冻的水果和以下用作底料的液体食材搅拌制成。搭配不同的水果与底料或者调制多种混合底料，可享受千变万化的口感。

纯净水

想要品尝水果的原滋原味时，最简单的是加入纯净水。像西瓜等不适合加入乳制品的水果，榨汁时基本上使用纯净水。因为纯净水热量为0，所以调制的果饮热量也很低。

牛奶

不管是店内菜单，还是本书介绍的调制法，最经常使用的应属牛奶。牛奶可以有效缓解水果的酸涩，使口感更加温和。如果担心热量高，可以使用低脂牛奶以减低热量。

酸奶

经常与牛奶搭配使用。适合搭配水果，不仅可以增添细腻的奶油味，而且酸味恰到好处，十分爽口。如果想要降低热量，可以使用低脂或脱脂酸奶。

橙汁

橙子在冷冻后常被用作主要原料。除此之外，鲜榨橙汁还被用作底料。橙子的清香和酸甜口感有助于衬托其他水果的美味，创造清爽口感。

豆浆

热量比牛奶低，适合搭配水果和蔬菜。不吃肉制品或者担心胆固醇的人也可放心饮用！即使不太喜欢喝豆浆，也能品尝蔬果饮的美味。

椰汁

浓郁的香味和醇厚的口感非常适合搭配水果。如果喜欢椰汁，可以用其代替酸奶使用。没用完的部分可以冷藏。

香草冰淇淋

缓解酸味的最佳法宝。大量使用也十分美味，不过热量较高，本书中都是少量使用，用以调味。

最佳佐料♪

在底料中加入少量香草冰淇淋，有助于增加浓度和风味，使口感更加温和香醇。

3

春·夏·秋·冬

打破季节限制果饮

一年四季的时令蔬果，

只限于当季才能享受味道与香味。

虽然新鲜水果的当季时间比较短暂，

但只要制成果饮，就随时可以品尝其美味。

不管严寒酷暑，

果饮都能帮助我们恢复活力！

草莓

所有水果中，同重量下草莓中所含的维生素 C 含量最高。同时，草莓还含有丰富的膳食纤维果胶，以及有助于预防水肿的钾元素。3~4 月份上市的草莓味甜价廉，请务必冷冻保存以用来调制果饮。

切法和冷冻方法

1 洗净后切去果蒂，再切成两半。洗净后切去果蒂是关键，有助于防止维生素 C 流失。

2 平放在用于冷冻的保鲜袋中，吸出袋中的空气（请参照第 03 页），再放入冷冻室中冷冻。

01

1 杯中含有 1 天所需的维生素 C

草莓汁

71 kcal

材料（1 杯的分量：约 200mL）

※ 草莓（冷冻方法请参照上面所述）……120g

纯净水……80mL

低聚糖……大匙 1 匙

柠檬汁……小匙 1 匙

制作方法

将所有材料倒入榨汁机中，搅拌均匀（请参照第 04 页）后倒入玻璃杯中。

酸甜口味，口感温和，推荐担心色斑和皱纹的人饮用

草莓酸奶果饮

(136 kcal)

材料（1 杯的分量：约 200mL）

※ 草莓（冷冻方法请参照第 56 页）……120g

　　牛奶……50mL

　　纯酸奶……50mL

　　低聚糖……大匙 1 匙

　　柠檬汁……小匙 1 匙

制作方法

🥤 将所有材料倒入榨汁机中，搅拌均匀（请参照第 04 页）后倒入玻璃杯中。如果有新鲜草莓，将其放入杯中加以点缀。

在外国客人的要求下应运而生的饮品

草莓香蕉汁

(131 kcal)

材料（1 杯的分量：约 200mL）

※ 草莓（冷冻方法请参照第 56 页）……50g

※ 香蕉（冷冻方法请参照第 28 页）……60g

　牛奶……80mL

　低聚糖……大匙 1 匙

　柠檬汁……小匙 1 匙

制作方法

🥤 将所有材料倒入榨汁机中，搅拌均匀（请
参照第 04 页）后倒入玻璃杯中。

酸味特别，颗粒感突出

草莓树莓汁

(122 kcal)

材料（1 杯的分量：约 200mL）

※ 草莓（冷冻方法请参照第 56 页）……80g

※ 树莓（冷冻）……30g

　牛奶……50mL

　纯酸奶……30mL

　低聚糖……大匙 1 匙

　柠檬汁……小匙 1 匙

制作方法

🥤 将所有材料倒入榨汁机中，搅拌均匀（请
参照第 04 页）后倒入玻璃杯中。如果有
新鲜树莓，将其放入杯中加以点缀。

富含维生素 C，营养满分的美味饮品

草莓香蕉橙汁

129 *kcal*

材料（1 杯的分量：约 200mL）

❋ 草莓（冷冻方法请参照第 56 页）……20g

❋ 香蕉（冷冻方法请参照第 28 页）……30g

❋ 橙子（冷冻方法请参照第 32 页）……60g

　牛奶……90mL

　低聚糖……大匙 1 匙

　柠檬汁……小匙 1 匙

制作方法

 将所有材料倒入榨汁机中，搅拌均匀（请参照第 04 页）后倒入玻璃杯中。如果有新鲜草莓，将其切成小块后放入杯中加以点缀。

哈密瓜

一般被认为是高级水果，5~7月份上市的大田栽培的哈密瓜既平价又美味。哈密瓜含有丰富的维生素C、胡萝卜素、钾元素和果胶，有助于调整肠胃、恢复疲劳，还具有美容的功效。事先将熟透的哈密瓜冷冻保存，就能轻松调制绝品果饮。

切法和冷冻方法

1 竖着切成两半，用汤匙掏去哈密瓜籽。

2 竖着分别切成4块，将水果刀插入果皮和果肉之间切去果皮。

3 切成厚度为2cm的小块。

4 平放在用于冷冻的保鲜袋中，吸出袋中的空气（请参照第03页），再放入冷冻室中冷冻。

温和爽口，适合初夏饮用

哈密瓜香蕉汁

117 kcal

材料（1杯的分量：约200mL）

※ 哈密瓜（冷冻方法请参照上面所述）……80g

※ 香蕉（冷冻方法请参照第28页）……30g

牛奶……80mL

低聚糖……大匙1匙

柠檬汁……小匙1匙

制作方法

将所有材料倒入榨汁机中，搅拌均匀（请参照第04页）后倒入玻璃杯中。如果有新鲜哈密瓜，将其切成半月形后放入杯中加以点缀。

07

口感润滑、味道温厚的搭配

哈密瓜芒果汁

113
kcal

材料（1杯的分量：约 200mL）

※ 哈密瓜（冷冻方法请参照 60 页）……80g

※ 芒果（冷冻方法请参照第 48 页）……30g

　牛奶……80mL

　低聚糖……大匙 1 匙

制作方法

将所有材料倒入榨汁机中，搅拌均匀
（请参照第 04 页）后倒入玻璃杯中。
如果有新鲜哈密瓜，将其切成半月形
后放入杯中加以点缀。

西瓜

6~8月份是最佳时节。除了富含胡萝卜素和钾元素之外，还含有利尿消肿的瓜氨酸等物质，以及延缓衰老的红色素番茄红素。有助于防止夏乏和抵抗紫外线。西瓜不能久放，如果要用作调制果饮，买回来后尽快冷冻处理。

切法和冷冻方法

1 切成厚度约3cm的半月形状，切去两端尖角。将水果刀插入果皮和果肉之间，切去果皮。

2 切成厚度为2cm的块状。

3 用小汤匙掏去西瓜籽。

4 平放在用于冷冻的保鲜袋中，吸出袋中的空气（请参照第03页），再放入冷冻室中冷冻。

08

余味清爽，解渴消暑，夏季最佳饮品！

西瓜汁

61
kcal

材料（1 杯的分量：约 200mL）

※ 西瓜（冷冻方法请参照上面所述）……140g

　　纯净水……70mL

　　低聚糖……大匙 1 匙

制作方法

将所有材料倒入榨汁机中，搅拌均匀（请参照第 04 页）后倒入玻璃杯中。如果有新鲜西瓜，将其切成小块后放入杯中加以点缀。

柑橘类水果的清香和酸味搭配出清爽口感 **(70 kcal)**

西瓜橙汁

材料（1 杯的分量：约 200mL）

※ 西瓜（冷冻方法请参照上面所述）……120g

　鲜橙汁……100mL

　柠檬汁……小匙 1 匙

制作方法

🥤 将所有材料倒入榨汁机中，搅拌均匀（请参照第 04 页）后倒入玻璃杯中。

树莓让果饮的口感更富深度 **(69 kcal)**

西瓜树莓果饮

材料（1 杯的分量：约 200mL）

※ 西瓜（冷冻方法请参照第 62 页）……70g

※ 树莓（冷冻）……40g

　纯净水……80mL

　低聚糖……大匙 1 匙

　柠檬汁……小匙 1 匙

制作方法

🥤 将所有材料倒入榨汁机中，搅拌均匀（请参照第 04 页）后倒入玻璃杯中。

水蜜桃

是一种夏季水果，含有丰富的膳食纤维果胶及有助于改善肌肤健康和寒症体质的烟酸，以及属于多酚类物质之一的儿茶素。水蜜桃品种繁多，主要于7~9月份上市，其独特的绵密口感与甘甜的香味在被制成果饮后同样与众不同。

切法和冷冻方法

1 水果刀沿着水蜜桃的凹部转一圈，切出切痕。

2 从切痕出向外剥皮。秘诀在于使劲拉扯果皮。

3 放在砧板上，用水果刀削成一口食用的大小，注意不要切到桃核。

4 平放在用于冷冻的保鲜袋中，吸出袋中的空气（请参照第 03 页），再放入冷冻室中冷冻。

水蜜桃爱好者无法抗拒的美味！

126 kcal

水蜜桃酸奶果饮

材料（1 杯的分量：约 200mL）

※ 水蜜桃（冷冻方法请参照上面所述）……120g

　牛奶……40mL

　纯酸奶……40mL

　低聚糖……大匙 1 匙

制作方法

将所有材料倒入榨汁机中，搅拌均匀（请参照第 04 页）后倒入玻璃杯中。如果有新鲜水蜜桃，将其切成小块后放入杯中加以点缀。

膳食纤维有助于解决便秘。

143 kcal

水蜜桃苹果汁

材料（1 杯的分量：约 200mL）

※ 水蜜桃（冷冻方法请参照上面所述）……70g

※ 苹果（冷冻方法请参照第 36 页）……50g

　牛奶……50mL

　纯酸奶……50mL

　低聚糖……大匙 1 匙

　柠檬汁……小匙 1 匙

制作方法

将所有材料倒入榨汁机中，搅拌均匀（请参照第 04 页）后倒入玻璃杯中。

芒果的胡萝卜素和水蜜桃的儿茶素具有美容的功效!

水蜜桃芒果汁 (144 kcal)

材料（1 杯的分量：约 200mL）

❋ 水蜜桃（冷冻方法请参照第 64 页）……80g

❋ 芒果（冷冻方法请参照第 51 页）……40g

牛奶……100mL

低聚糖……大匙 1 匙

柠檬汁……小匙 1 匙

制作方法

🥤 将所有材料倒入榨汁机中，搅拌均匀（请参照第 04 页）后倒入玻璃杯中。

四种水果搭配，老少皆宜

水蜜桃混合果饮 (137 kcal)

材料（1 杯的分量：约 200mL）

❋ 水蜜桃（冷冻方法请参照第 64 页）……20g

❋ 橙子（冷冻方法请参照第 32 页）……50g

❋ 香蕉（冷冻方法请参照第 28 页）……30g

❋ 苹果（冷冻方法请参照第 36 页）……20g

　　牛奶……90mL

　　低聚糖……大匙 1 匙

　　柠檬汁……小匙 1 匙

制作方法

🥤 将所有材料倒入榨汁机中，搅拌均匀（请参照第 04 页）后倒入玻璃杯中。

砂梨

含有丰富膳食纤维，具有解决便秘的功效。同时，还富含因流汗而容易流失的钾元素、有助于恢复疲劳的天冬氨酸，以及促进蛋白质分解的酵素等物质，是预防夏季疲乏的最佳水果。虽然品种不同，其收获期也不尽相同，多于8~10月份上市。

切法和冷冻方法

1 切成厚度约为2cm的半月形状，然后切除梨芯和梨皮。

2 切成厚度为2cm的小块。

3 稍微泡过盐水后倒入笊篱滤去水分，以防止氧化。

4 平放在用于冷冻的保鲜袋中，吸出袋中的空气（请参照第03页），再放入冷冻室中冷冻。

15
+

秋天的味道，享受松脆口感

砂梨苹果汁

129
kcal

材料（1杯的分量：约200mL）

※ 砂梨（冷冻方法请参照上面所述）……80g
※ 苹果（冷冻方法请参照第36页）……30g
牛奶……50mL

纯酸奶……30mL
低聚糖……大匙1匙
柠檬汁……小匙1匙

制作方法

将所有材料倒入榨汁机中，搅拌均匀（请参照第04页）后倒入玻璃杯中。如果有新鲜砂梨，将其切成半月形后放入杯中加以点缀。

使身体由内而外散发活力

砂梨鲜橙汁

(78 kcal)

材料（1 杯的分量：约 200mL）

※ 砂梨（冷冻方法请参照第 66 页）……100g

鲜橙汁……100mL

制作方法

将所有材料倒入榨汁机中，搅拌均匀（请参照第 04 页）后倒入玻璃杯中。

增添温厚的口感与香味，新鲜美味

砂梨芒果汁

(129 kcal)

材料（1 杯的分量：约 200mL）

※ 砂梨（冷冻方法请参照第 66 页）……90g

※ 芒果（冷冻方法请参照第 51 页）……30g

牛奶……40mL

纯酸奶……40mL

低聚糖……大匙 1 匙

柠檬汁……小匙 1 匙

制作方法

将所有材料倒入榨汁机中，搅拌均匀（请参照第 04 页）后倒入玻璃杯中。

葡萄

品种繁多，而且颜色、形状、大小各异。不过本书主要使用大粒的黑紫色无籽巨峰葡萄，其最佳时节在8~9月份。葡萄中的糖分具有恢复疲劳的功效。同时还富含有助于延缓衰老的多酚类物质。

切法和冷冻方法

1 将葡萄果粒分别摘下后去皮。如果有葡萄籽，去籽处理。

2 平放在用于冷冻的保鲜袋中，吸出袋中的空气（请参照第03页），再放入冷冻室中冷冻。

甜味、涩味、苦味的搭配恰到好处

葡萄粉红葡萄柚汁

117 kcal

材料（1 杯的分量：约 200mL）

* ※ 葡萄（冷冻方法请参照上面所述）……90g
* ※ 粉红葡萄柚（冷冻方法请参照第 44 页）……30g
* 牛奶……40mL
* 纯酸奶……40mL
* 低聚糖……大匙 1/2 匙
* 柠檬汁……小匙 1 匙

制作方法

将所有材料倒入榨汁机中，搅拌均匀（请参照第 04 页）后倒入玻璃杯中。如果有葡萄，将其放入杯中以作点缀。

感觉疲惫时品尝一杯不同的风味

葡萄苹果汁

125 kcal

材料（1 杯的分量：约 200mL）

* ※ 葡萄（冷冻方法请参照上面所述）……70g
* ※ 苹果（冷冻方法请参照第 36 页）……40g
* 牛奶……50mL
* 纯酸奶……40mL
* 低聚糖……大匙 1/2 匙
* 柠檬汁……小匙 1 匙

制作方法

将所有材料倒入榨汁机中，搅拌均匀（请参照第 04 页）后倒入玻璃杯中。

眼睛疲劳时推荐饮用!

葡萄蓝莓汁

139 kcal

材料（1 杯的分量：约 200mL）

※ 葡萄（冷冻方法请参照第 68 页）……120g

※ 蓝莓（冷冻）……30g

牛奶……40mL

纯酸奶……40mL

低聚糖……大匙 1/2 匙

柠檬汁……小匙 1 匙

制作方法

 将所有材料倒入榨汁机中，搅拌均匀
（请参照第 04 页）后倒入玻璃杯中。

蜜桔

含有丰富的维生素 C，具有预防感冒和美容的功效。同时还富含有助于恢复疲劳的柠檬酸，以及强化血管的维生素 P。冷冻时保留橘络，制成果饮饮用，可以帮助人体摄取丰富的膳食纤维。

富含果胶的两种水果有助于改善肠胃

蜜桔苹果汁

133 kcal

材料（1 杯的分量：约 200mL）

※ 蜜桔（冷冻方法请参照上面所述）……60g

※ 苹果（冷冻方法请参照第 36 页）……60g

牛奶……50mL

纯酸奶……30mL

低聚糖……大匙 1/2 匙

柠檬汁……小匙 1 匙

制作方法

将所有材料倒入榨汁机中，搅拌均匀（请参照第 04 页）后倒入玻璃杯中。

22

冬季必喝果饮，有助于补充维生素C

蜜桔汁

133 kcal

材料（1杯的分量：约 200mL）

米 蜜桔（冷冻方法请参照第 70 页）……120g

牛奶……50mL

纯酸奶……30mL

低聚糖……大匙 1 匙

柠檬汁……小匙 1 匙

制作方法

将所有材料倒入榨汁机中，搅拌均匀（请参照第 04 页）后倒入玻璃杯中。

加入蜜桔果粒！

剥去蜜桔皮和橘络，将果肉掰碎。把掰碎的果粒放入已经倒入杯中的"蜜桔汁"中，可以品尝到果粒在口中舞动的愉快口感。

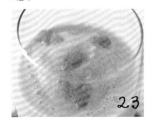

23

香橙

富含维生素 C、食物纤维和柠檬酸。一般使用少量果饮或果皮即可增香和调味，但调制果饮时往往使用大量香橙汁。将黄色的香橙皮切成薄片冷冻后取出，可以用来点缀果饮或搭配食用。

切法和冷冻方法

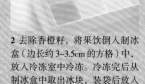

1 对半切开后，用手动榨汁机榨取果饮。不要转动香橙，将压榨机左右转动，便可轻松榨汁。

2 去除香橙籽，将果饮倒入制冰盒（边长约 3~3.5cm 的方格）中，放入冷冻室中冷冻。冷冻完后从制冰盒中取出冰块，装袋后放入冷冻室保存。

24 +

2 种柑橘类水果的柠檬酸带来清爽和健康

香橙柠檬汁

180 kcal

材料（1 杯的分量：约 200mL）

※ 香橙（香橙汁冰块，请参照上面所述）……2 块

※ 柠檬（柠檬汁冰块，请参照第 52 页）……2 块

香草冰淇淋……50g

牛奶……30mL

纯酸奶……20mL

低聚糖……大匙 1 匙

冰块（约 3cm³）……1 块

制作方法

 将所有材料倒入榨汁机中，搅拌均匀（请参照第 04 页）后倒入玻璃杯中。如果有新鲜香橙皮，将香橙皮切丝加以点缀。

* 用碎冰锥或汤匙将冰块、冷冻的香橙汁和柠檬汁冰块碎成 2~3 小块，再倒入榨汁机中，快速制成爽滑的果饮。

4

水果＋营养元素调制的
健康果饮

有益身体健康的豆浆、芝麻、苹果醋、生姜，
搭配水果调制而成的混合果饮。
大口喝到的美味，
利于维持人体健康的元素，
不同凡响的一杯，让人感觉无比满足。

+ 豆浆

低脂肪、高蛋白，富含女性喜爱的异黄酮、有助于防止肥胖的皂苷，以及有效降低胆固醇的卵磷脂。而且，其热量比牛奶低30%。豆浆适合搭配各种水果，因此广受健康果饮爱好者的喜爱。

2 中大豆制品打造的健康饮品!

香蕉黄豆粉豆浆汁

140 kcal

材料（1 杯的分量：约 200mL）

※ 香蕉（冷冻方法请参照第 28 页）……100g

豆浆（无调整）……80mL

低聚糖……大匙 1/2 匙

黄豆粉……大匙 1 匙

制作方法

将所有材料倒入榨汁机中，搅拌均匀（请参照第 04 页）后倒入玻璃杯中。

02

浇上黑蜜汁!

加入黄豆粉的果饮浇上黑蜜汁（制作方法请参照第 13 页）后，果饮变得更具和风口味。如果有日式甜煎饼，将其插入杯中加以点缀，完全可以用来招呼客人。

富含维生素 C 的健康果饮

草莓豆浆汁

120 kcal

材料（1 杯的分量：约 200mL）

米 草莓（冷冻方法请参照第 56 页）……120g

　豆浆（无调整）……80mL

　低聚糖……大匙 1 匙

制作方法

将所有材料倒入榨汁机中，搅拌均匀（请参照第 04 页）后倒入玻璃杯中。

04

浇上炼乳！

最适合搭配草莓的食材是炼乳！请一定要尝试在草莓果饮中浇上炼乳，十分适合当做下午茶饮用！

味道清甜，是早晨补充营养的最佳选择 （112 kcal）

香蕉菠萝豆浆汁

材料（1 杯的分量：约 200mL）

※ 香蕉（冷冻方法请参照第 28 页）……80g

※ 菠萝（冷冻方法请参照第 48 页）……40g

豆浆（无调整）……80mL

低聚糖……大匙 1 匙

制作方法

将所有材料倒入榨汁机中，搅拌均匀（请参照第 04 页）后倒入玻璃杯中。

微苦巧克力口味，同样受男性欢迎 （124 kcal）

香蕉可可豆浆汁

材料（1 杯的分量：约 200mL）

※ 香蕉（冷冻方法请参照第 28 页）……100g

豆浆（无调整）……80mL

可可粉（无糖）……大匙 1/2 匙

低聚糖……大匙 1/2 匙

制作方法

将所有材料倒入榨汁机中，搅拌均匀（请参照第 04 页）后倒入玻璃杯中。

如果喜爱咖啡香味，推荐饮用这 1 杯

香蕉摩卡豆浆汁

（**109** kcal）

材料（1 杯的分量：约 200mL）

※ 香蕉（冷冻方法请参照第 28 页）……100g

A｜豆浆（无调整）……80mL

｜低聚糖……大匙 1/2 匙

速溶咖啡……小匙 1 匙

制作方法

1 速溶咖啡中倒入 1 小匙的热水，将其溶化。

2 将香蕉、材料 A 和 1 倒入榨汁机中，搅拌均匀（请参照第 04 页）后倒入玻璃杯中。

浇上巧克力沙司！

倒入玻璃杯中后，再浇上一层巧克力沙司，果饮瞬间变身成甜点，仿佛置身于咖啡屋中一样。

08

店内最受欢迎的果饮搭配豆浆

橙子芒果豆浆汁

119 kcal

材料（1 杯的分量：约 200mL）

※ 橙子（冷冻方法请参照第 32 页）……40g

※ 芒果（冷冻方法请参照第 51 页）……70g

豆浆（无调整）……80mL

低聚糖……大匙 1 匙

柠檬汁……小匙 1 匙

制作方法

 将所有材料倒入榨汁机中，搅拌均匀（请参照第 04 页）后倒入玻璃杯中。

抹茶的苦味巧妙地搭配香蕉的甜味

香蕉抹茶豆浆汁

124 kcal

材料（1 杯的分量：约 200mL）

※ 香蕉（冷冻方法请参照第 28 页）……100g

豆浆（无调整）……80mL

抹茶……大匙 1/2 匙

低聚糖……大匙 1/2 匙

制作方法

将所有材料倒入榨汁机中，搅拌均匀（请参照第 04 页）后倒入玻璃杯中。

用糯米圆子和红豆装饰！

在抹茶味果饮中加入小粒糯米圆子和红小豆，华丽升级成一杯可以用于招待客人的果饮。糯米圆子的制作方法请参照第 13 页。

+ 芝麻

芝麻素等抗氧化物质有助于增强肝功能、燃烧脂肪，还具有抗衰老和美容的功效。同时，芝麻中含有丰富的膳食纤维、钾元素和维生素 E，对人体健康十分有益。芝麻加入果饮中，还可以增香。

香味温和，味道雅致，带有日式风味

白芝麻香蕉汁

133
kcal

材料（1 杯的分量：约 200mL）

※ 香蕉（冷冻方法请参照第 28 页）……100g

豆浆（无调整）……80mL

低聚糖……大匙 1/2 匙

研碎的白芝麻……大匙 1 匙

制作方法

🥛 将所有材料倒入榨汁机中，搅拌均匀（请参照第 04 页）后倒入玻璃杯中。

13

浇上黑蜜汁！

最后加上自制黑蜜汁（制作方法请参照第 13 页），以提高浓度和甜味。也可将黑蜜汁装在另一个容器中，中途浇入果饮中饮用。

14

经典香蕉汁变身为日式风味果饮

黑芝麻香蕉汁

材料（1杯的分量：约 200mL）

❋ 香蕉（冷冻方法请参照第 28 页）……100g

豆浆（无调整）……80mL

低聚糖……大匙 1/2 匙

研碎的黑芝麻……大匙 1 匙

制作方法

🍶 将所有材料倒入榨汁机中，搅拌均匀（请参照第 04 页）后倒入玻璃杯中。

15

放入糕点装饰！

正如在冰淇淋中放入饼干一样，试着在果饮中放入简单的豆子鸡蛋饼，搭配出不一样的甜点。

苹果醋

使用苹果饮作为原料的醋饮品。香味酸甜，兑水后可以用来搭配果饮。具有恢复疲劳、加快新陈代谢、解决便秘等功效。适合搭配所有水果，让果饮喝起来口感更佳。

16+

醋和水果的双重作用，适合减肥期间饮用

苹果苹果醋果饮

137
kcal

材料（1 杯的分量：约 200mL）

※ 苹果（冷冻方法请参照第 36 页）……110g

牛奶……50mL

纯酸奶……30mL

低聚糖……大匙 1 匙

苹果醋……大匙 1 匙

制作方法

将所有材料倒入榨汁机中，搅拌均匀（请参照第 04 页）后倒入玻璃杯中。

酸味消失不见的神奇搭配

菠萝苹果醋果饮

148 kcal

材料（1 杯的分量：约 200mL）

※ 菠萝（冷冻方法请参照第 48 页）……120g

    牛奶……80mL

    低聚糖……大匙 1 匙

    苹果醋……大匙 1 匙

制作方法

 将所有材料倒入榨汁机中，搅拌均匀（请参照第 04 页）后倒入玻璃杯中。

酸味适中，有助于唤醒疲劳的身体

柠檬苹果苹果醋果饮

125 kcal

材料（1 杯的分量：约 200mL）

※ 柠檬（柠檬汁冰块，请参照第 52 页）……1 块

※ 苹果（冷冻方法请参照第 36 页）……100g

牛奶……70mL

低聚糖……大匙 1 匙

苹果醋……大匙 1 匙

制作方法

 将所有材料倒入榨汁机中，搅拌均匀（请参照第 04 页）后倒入玻璃杯中。

* 用碎冰锥或汤匙将冷冻的柠檬汁冰块碎成 2~3 小块后再倒入榨汁机中，快速制成爽滑的果饮。

四种水果 + 果醋 = 补充活力的美味

124
kcal

混合苹果醋果饮

材料 (1 杯的分量：约 200mL)

※ 橙子 (冷冻方法请参照第 32 页)……70g

※ 香蕉 (冷冻方法请参照第 28 页)……20g

※ 水蜜桃 (冷冻方法请参照第 64 页)……20g

※ 苹果 (冷冻方法请参照第 36 页)……20g

　　牛奶……70mL

　　低聚糖……大匙 1 匙

　　苹果醋……大匙 1 匙

制作方法

🥛 将所有材料倒入榨汁机中，搅拌均匀 (请参照第 04 页) 后倒入玻璃杯中。如果有水果干，将其放入杯中加以点缀。

+生姜

有助于促进血液循环、加快新陈代谢、恢复疲劳、排毒、抗菌和延缓衰老，同时还具有减肥和美容的功效，是广受关注的健康食材。其香味和辣味独特，让果饮整体散发出成熟的风味。

食欲不振时也能畅快饮用的清爽口味

柠檬姜汁

191 kcal

材料（1杯的分量：约200mL）

※ 柠檬（柠檬汁冰块，请参照第52页）……3块

牛奶……50mL

纯酸奶……20mL

姜汁……小匙1匙

香草冰淇淋……50g

低聚糖……大匙1匙

冰块（约3cm³）……2块

制作方法

 将所有材料倒入榨汁机中，搅拌均匀（请参照第04页）后倒入玻璃杯中。

* 用碎冰锥或汤匙将冰块和冷冻的柠檬汁冰块碎成2~3小块后再倒入榨汁机中，快速制成爽滑的果饮。

水果的甜味中稍微带点辛辣!

菠萝苹果姜汁

91 kcal

材料（1 杯的分量：约 200mL）

※ 菠萝（冷冻方法请参照第 48 页）……100g

※ 苹果（冷冻方法请参照第 36 页）……20g

纯净水……80mL

姜汁……小匙 1 匙

低聚糖……大匙 1 匙

柠檬汁……小匙 1 匙

制作方法

将所有材料倒入榨汁机中，搅拌均匀（请参照第 04 页）后倒入玻璃杯中。

‖专栏‖

水果的标准重量

本书中所表示的水果重量，指的是去皮去籽后的重量以及冷冻状态下的重量。与商店中销售时的标准重量对此如下所示。

 香蕉
带皮时 1 根约 200g
去皮后 1 根约 120g

 柠檬
带皮时 1 个约 120g
榨汁后 1 个约 60mL

 葡萄
带皮时 1 粒约 10g
去皮后 1 粒约 8g

 橙子
带皮时 1 个约 200g
去皮后 1 个约 120g

 草莓
带蒂时 1 个约 10g
去蒂后 1 个约 10g

 蜜桔
带皮时 1 个约 100g
去皮后 1 个约 80g

 苹果
带皮时 1 个约 300g
去皮后 1 个约 250g

 哈密瓜
带皮时 1 个约 500g
去皮后 1 个约 300g

 香橙
带皮时 1 个约 70g
榨汁后 1 个约 30mL

 猕猴桃
带皮时 1 个约 120g
去皮后 1 个约 100g

 小玉西瓜
带皮时 1 个约 2000g
去皮后 1 个约 1000g

 芒果
带皮时 1 个约 200g
去皮后 1 个约 130g

 **葡萄柚**
带皮时 1 个约 450g
去皮后 1 个约 320g

 水蜜桃
带皮时 1 个约 200g
去皮后 1 个约 170g

 木瓜
带皮时 1 个约 250g
去皮后 1 个约 160g

 **菠萝**
带皮时 1 个约 2000g
去皮后 1 个约 1100g

 砂梨
带皮时 1 个约 300g
去皮后 1 个约 250g

 鳄梨
带皮时 1 个约 200g
去皮后 1 个约 140g

5

搭配蔬菜同样美味健康的
蔬果汁

虽然知道蔬果汁有益健康，
但是味道让人难以下咽。
您是否也有这样的烦恼？
让我们教您调制，
搭配蔬菜同样新鲜美味，补充活力的蔬果汁。

西红柿

红色素番茄红素含有丰富的维生素 H、维生素 P 和维生素 B 等，具有延缓衰老、预防皮肤皲裂的功效，让肌肤富有光泽。搭配水果制成果饮后，不喜欢西红柿的人也能愉快饮用，补充相关营养物质。

保持肌肤美丽，有效预防感冒

草莓西红柿汁

105 kcal

材料（1 杯的分量：约 200mL）

※ 西红柿（摘去果蒂）……80g

※ 草莓（冷冻方法请参照第 56 页）……30g

A | 豆浆（无调整）……40mL
  | 纯酸奶……40mL
  | 低聚糖……大匙 1 匙
  | 柠檬汁……小匙 1 匙

制作方法

 1 西红柿切成长约 2cm 的方块。平放在用于冷冻的保鲜袋中，吸出袋中的空气（请参照第 03 页），再放入冷冻室中冷冻。

2 将 1、草莓和材料 A 倒入榨汁机中，搅拌均匀（请参照第 04 页）后倒入玻璃杯中。如果有新鲜小西红柿，将其放入杯中加以点缀。

浓稠的水果口味，喝不出加了蔬菜

橙子芒果西红柿汁

（129 kcal）

材料（1 杯的分量：约 200mL）

※ 西红柿（摘去果蒂）……40g

※ 橙子（冷冻方法请参照第 32 页）……50g

※ 芒果（冷冻方法请参照第 51 页）……20g

A ┃ 豆浆（无调整）……50mL

　　纯酸奶……30mL

　　低聚糖……大匙 1 匙

　　柠檬汁……小匙 1 匙

制作方法

 1 西红柿切成长约 2cm 的方块。平放在用于冷冻的保鲜袋中，吸出袋中的空气（请参照第 03 页），再放入冷冻室中冷冻。

2 将 1、橙子、芒果和材料 A 倒入榨汁机中，搅拌均匀（请参照第 04 页）后倒入玻璃杯中。

小松菜

是一种富含维生素 C、胡萝卜素、钾元素、铁和膳食纤维的蔬菜。小松菜没有苦涩味，适合搭配水果，特别是冬产小松菜还带甜味，口感很好。小松菜不需要冷冻，直接将生小松菜叶与冷冻的水果一起倒入榨汁机中搅拌即可。

能够摄取充足的膳食纤维，受便秘困扰的人也可饮用

菠萝小松菜汁

154 kcal

材料（1 杯的分量：约 200mL）

小松菜……20g

※ 菠萝（冷冻方法请参照第 48 页）……110g

牛奶……90mL

低聚糖……大匙 1 匙

柠檬汁……小匙 1 匙

制作方法

将所有材料倒入榨汁机中，搅拌均匀（请参照第 04 页）后倒入玻璃杯中。

04

外观绿色健康、口感甘甜温和
香蕉鳄梨小松菜汁

163 *kcal*

材料（1 杯的分量：约 200mL）

　小松菜……30g

※ 香蕉（冷冻方法请参照第 28 页）……90g

※ 鳄梨（冷冻方法请参照第 110 页）……20g

　豆浆（无调整）……90mL

　低聚糖……大匙 1 匙

　柠檬汁……小匙 1 匙

制作方法

 将所有材料倒入榨汁机中，搅拌均匀（请参照第 04 页）后倒入玻璃杯中。

混合

胡萝卜

富含胡萝卜素，有助于保持肌肤滋润，保护头发与眼睛健康。胡萝卜味道甘甜，适合搭配水果，而且颜色鲜艳，看起来非常漂亮！本书介绍的果饮均使用生的胡萝卜。

水果的清香掩盖了蔬菜气味

橙子菠萝胡萝卜汁

129
kcal

材料（1 杯的分量：约 200mL）

胡萝卜……20g

※ 橙子（冷冻方法请参照第 32 页）……50g

※ 菠萝（冷冻方法请参照第 48 页）……60g

豆浆（无调整）……80mL

低聚糖……大匙 1 匙

柠檬汁……小匙 1 匙

制作方法

将所有材料倒入榨汁机中，搅拌均匀（请参照第 04 页）后倒入玻璃杯中。

不爱吃胡萝卜的人也会喜欢饮用

菠萝胡萝卜汁

$\left(\dfrac{146}{kcal}\right)$

材料（1 杯的分量：约 200mL）

胡萝卜……30g

※ 菠萝（冷冻方法请参照第 48 页）……110g

豆浆（无调整）……80mL

低聚糖……大匙 1 匙

柠檬汁……小匙 1 匙

制作方法

 将所有材料倒入榨汁机中，搅拌均匀（请参照第 04 页）后倒入玻璃杯中。

混合

卷心菜

富含有助于美容的维生素 C 和膳食纤维、调理肠胃的维生素 U 以及预防骨质疏松的维生素 K。春季产卷心菜味甜松软，是调制果饮的最佳选择。

07
+

营养均衡、富含多种维生素

橙子卷心菜汁

(74 kcal)

材料（1 杯的分量：约 200mL）

卷心菜……20g

※ 橙子（冷冻方法请参照第 32 页）……110g

鲜橙汁……110mL

制作方法

 将所有材料倒入榨汁机中，搅拌均匀（请参照第 04 页）后倒入玻璃杯中。

口感爽脆、宛如甜点的蔬果饮

苹果猕猴桃卷心菜汁

140 kcal

材料（1 杯的分量：约 200mL）

卷心菜……20g

※ 苹果（冷冻方法请参照第 36 页）……50g

※ 猕猴桃（冷冻方法请参照第 40 页）……50g

牛奶……50mL

纯酸奶……40mL

低聚糖……大匙 1 匙

柠檬汁……小匙 1 匙

制作方法

 将所有材料倒入榨汁机中，搅拌均匀（请参照第 04 页）后倒入玻璃杯中。

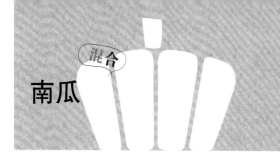

混合

南瓜

富含延缓衰老的胡萝卜素和维生素 E，以及膳食纤维、钾元素、维生素 C 和维生素 B，营养丰富。南瓜味甜，常被用来制作甜点，当然可以用以调制果饮。用微波炉加热，冷却后使用。

口感润滑，水果口味，富含胡萝卜素

橙子苹果南瓜汁

154 kcal

材料（1 杯的分量：约 200mL）

南瓜（去籽）……50g

※ 橙子（冷冻方法请参照第 32 页）……60g

※ 苹果（冷冻方法请参照第 36 页）……40g

A | 豆浆（无调整）……80mL
低聚糖……大匙 1 匙
柠檬汁……小匙 1 匙

制作方法

 1 把南瓜放入微波炉专用碗中，浇上 1 小匙纯净水。包上保鲜膜放入微波炉（600W）中加热 1 分钟。用叉子压碎后冷却。

2 将橙子、苹果、1 和材料 A 倒入榨汁机中，搅拌均匀（请参照第 04 页）后倒入玻璃杯中。

香甜浓郁，适合当做小点心的人气饮品

香蕉南瓜汁

（166 kcal）

材料（1 杯的分量：约 200mL）

南瓜（去籽）……50g

※ 香蕉（冷冻方法请参照第 28 页）……120g

A｜豆浆（无调整）……80mL
　｜低聚糖……大匙 1/2 匙

制作方法

 1 把南瓜放入微波炉专用碗中，浇上 1 小匙纯净水。包上保鲜膜放入微波炉（600W）中加热 1 分钟。用叉子压碎后冷却。

2 将香蕉、1 和材料 A 倒入榨汁机中，搅拌均匀（请参照第 04 页）后倒入玻璃杯中。如果有蔬菜干，将其放入杯中加以点缀。

混合

黄瓜

富含有助于消除水肿的钾元素。还具有缓解夏乏和宿醉的功效。搭配水果使用，可以掩盖黄瓜本身特有的味道，适合用作调制果饮。不需要冷冻，直接将生的黄瓜与冷冻过的水果一起倒入榨汁机搅拌即可。

爽口的健康蔬果饮

菠萝香蕉黄瓜汁

147
kcal

材料（1 杯的分量：约 200mL）

黄瓜……20g

※ 菠萝（冷冻方法请参照第 48 页）……90g

※ 香蕉（冷冻方法请参照第 28 页）……30g

牛奶……80mL

低聚糖……大匙 1 匙

柠檬汁……小匙 1 匙

制作方法

将所有材料倒入榨汁机中，搅拌均匀（请参照第 04 页）后倒入玻璃杯中。如果有新鲜黄瓜，将其切成薄片后放入杯中加以点缀。

富含钾元素的瓜类搭配，有助于消除水肿

哈密瓜黄瓜汁

93 *kcal*

材料（1 杯的分量：约 200mL）

黄瓜……20g

※ 哈密瓜（冷冻方法请参照第 60 页）……120g

牛奶……50mL

低聚糖……大匙 1 匙

柠檬汁……小匙 1 匙

制作方法

将所有材料倒入榨汁机中，搅拌均匀（请参照第 04 页）后倒入玻璃杯中。

混合

甜椒

属于青椒的同类，但是不苦，带有甜味。颜色丰富，除了红色和黄色以外，还有橙色、紫色、茶色、绿色等品种。与青椒相比，甜椒的维生素 C 和胡萝卜素的含量更高。不需要冷冻，直接使用生的甜椒即可。

13 + +

无苦涩味，润滑爽口

橙子香蕉红甜椒汁

121 kcal

材料（1 杯的分量：约 200mL）

红甜椒……20g

※ 橙子（冷冻方法请参照第 32 页）……80g

※ 香蕉（冷冻方法请参照第 28 页）……30g

牛奶……50mL

纯酸奶……30mL

低聚糖……大匙 1 匙

柠檬汁……小匙 1 匙

制作方法

将所有材料倒入榨汁机中，搅拌均匀（请参照第 04 页）后倒入玻璃杯中。

充分补充维生素 C，肌肤由内而外散发光泽

菠萝黄甜椒汁

128 *kcal*

材料（1 杯的分量：约 200mL）

黄甜椒……20g

※ 菠萝（冷冻方法请参照第 48 页）……110g

牛奶……80mL

低聚糖……大匙 1 匙

柠檬汁……小匙 1 匙

制作方法

将所有材料倒入榨汁机中，搅拌均匀（请参照第 04 页）后倒入玻璃杯中。

白菜·白萝卜·红薯 （混合）

将感觉与蔬果饮无关的蔬菜与水果相搭配，瞬间变成一杯可以坚持每天饮用的美味。白菜和白萝卜直接可以使用，红薯则需用微波炉加热，待其冷却后与冷冻后的水果一起倒入榨汁机中搅拌即可。

15

+

+

无苦涩味，口感水润，具有排毒功效

苹果香蕉白菜汁

142 kcal

材料（1 杯的分量：约 200mL）

白菜……30g

※ 苹果（冷冻方法请参照第 36 页）……40g

※ 香蕉（冷冻方法请参照第 28 页）……70g

牛奶……80mL

低聚糖……大匙 1 匙

柠檬汁……小匙 1 匙

制作方法

将所有材料倒入榨汁机中，搅拌均匀（请参照第 04 页）后倒入玻璃杯中。

摄取充足的膳食纤维，保持肠胃舒畅

苹果香蕉红薯汁

（154 kcal）

材料（1 杯的分量：约 200mL）

　　红薯（去皮）……30g

※ 苹果（冷冻方法请参照第 36 页）……40g

※ 香蕉（冷冻方法请参照第 28 页）……70g

　A｜豆浆（无调整）……80mL

　　｜低聚糖……大匙 1/2 匙

　　｜柠檬汁……小匙 1 匙

制作方法

1 把红薯放入微波炉专用碗中，浇上 1 小匙纯净水。包上保鲜膜放入微波炉（600W）中加热 1 分钟。用叉子压碎后冷却。

2 将苹果、香蕉、1 和材料 A 倒入榨汁机中，搅拌均匀（请参照第 04 页）后倒入玻璃杯中。

有助于通便润肠，肠胃不适时也能轻松饮用

苹果白萝卜汁

（130 kcal）

材料（1 杯的分量：约 200mL）

　　白萝卜……30g

※ 苹果（冷冻方法请参照第 36 页）……100g

　　牛奶……30mL

　　纯酸奶……50mL

　　低聚糖……大匙 1 匙

　　柠檬汁……小匙 1 匙

制作方法

将所有材料倒入榨汁机中，搅拌均匀（请参照第 04 页）后倒入玻璃杯中。如果有苹果干，将其放入杯中加以点缀。

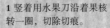

鳄梨

素有"森林黄油"之美称，营养丰富、绿色健康。富含钾元素、维生素 E、维生素 B 和膳食纤维。同时还含有丰富的油酸和亚油酸，有助于降低胆固醇。可以将成熟的鳄梨冷冻保存。

切法和冷冻方法

1 竖着用水果刀沿着果核转一圈，切除切痕。

2 用手掰成两半，用刀挖去果核。切去果皮后，分别竖着切成两半。将果肉切成厚度约为 2cm 的小块。平放在用于冷冻的保鲜袋中，吸出袋中的空气（请参照第 03 页），再放入冷冻室中冷冻。

食欲不振时饮用，有助于补充营养

苹果香蕉鳄梨汁

160 kcal

材料（1 杯的分量：约 200mL）

※ 鳄梨（冷冻方法请参照上面所述）……20g

※ 苹果（冷冻方法请参照第 36 页）……60g

※ 香蕉（冷冻方法请参照第 28 页）……30g

牛奶……90mL

低聚糖……大匙 1 匙

柠檬汁……小匙 1 匙

制作方法

将所有材料倒入榨汁机中，搅拌均匀（请参照第 04 页）后倒入玻璃杯中。

19

清爽与浓厚相融合的另类搭配

菠萝鳄梨汁

176 kcal

材料（1 杯的分量：约 200mL）

※ 鳄梨（冷冻方法请参照第 110 页）……20g

※ 菠萝（冷冻方法请参照第 48 页）……80g

牛奶……100mL

低聚糖……大匙 1 匙

柠檬汁……小匙 1 匙

制作方法

 将所有材料倒入榨汁机中，搅拌均匀（请参照第 04 页）后倒入玻璃杯中。如果有菠萝干，将其放入杯中加以点缀。

关于 低聚糖

本书中的果饮调制法均使用低聚糖以添加甜味。低聚糖甜度适中，是一种对人体有益的保健食品。当然您也可使用枫糖浆或白砂糖代替低聚糖。

低聚糖指的是？！

代替白砂糖使用，用作添加甜味的食材。产品不同，其原料、制法以及形状等也不尽相同。本书中使用的是黏稠的透明糖浆状低聚糖。不同的低聚糖所含的热量不同，其中有些产品所含热量极低。实际上低聚糖几乎不会被肠胃吸收，所以根本不用考虑热量，有利于减肥瘦身。此外，低聚糖还有助于增加肠道益生菌，具有帮助治疗便秘的功效。

根据个人喜好适量添加

本书中的果饮均使用低聚糖添加甜味，如果不喜欢偏甜口味，请适量减少使用量，或者干脆不加糖。只靠水果本身的甜味所调制的果饮同样爽口美味。

可使用枫糖浆或白砂糖代替低聚糖

超市和药店均有销售低聚糖。不过不想买或买不到的话，请尝试使用相同分量的白砂糖或枫糖浆代替。除此之外，还可以使用蜂蜜代替，但是蜂蜜与冷冻水果一起使用时容易凝固成块，导致味道甜淡不一。虽然品尝起来挺有趣，不过介意的话，最好还是不要使用蜂蜜。

枫糖浆

糖枫树液熬煮而成的糖浆。主要搭配薄烤饼、华夫饼食用或用于制作糕点。

白砂糖

常见的甜味调味料。果饮是低温饮料，白砂糖有时溶化不了，但是一般不需要担心。

材料类别索引

蔬菜

装饰配料

装饰方法

图书在版编目（ＣＩＰ）数据

思慕雪：冰凉果饮122款 / (日) 平野奈津著 ; 尤斌斌译. -- 北京 : 中国民族摄影艺术出版社, 2015.4
ISBN 978-7-5122-0688-5

Ⅰ. ①思… Ⅱ. ①平… ②尤… Ⅲ. ①果汁饮料 – 制作 Ⅳ. ①TS275.5

中国版本图书馆CIP数据核字(2014)第084534号

TITLE: ［人気カフェのスムージーが自宅で作れる! かんたんレシピ122］
BY: ［平野 奈津］
Copyright © Natsu Hirano 2013
Original Japanese language edition published by Shufunotomo Co., Ltd.
All rights reserved. No part of this book may be reproduced in any form without the written permission of the publisher.
Chinese translation rights arranged with Shufunotomo Co., Ltd.
Tokyo through Nippon Shuppan Hanbai Inc.

本书由日本主妇之友社授权北京书中缘图书有限公司出品并由中国民族摄影艺术出版社在中国范围内独家出版本书中文简体字版本。
著作权合同登记号：01-2015-2290

策划制作：北京书锦缘咨询有限公司（www.booklink.com.cn）
总 策 划：陈 庆
策　 划：陈 辉
设计制作：王 青

书　 名：思慕雪：冰凉果饮122款
作　 者：［日］平野奈津
译　 者：尤斌斌
责　 编：吴 叹 张 宇
出　 版：中国民族摄影艺术出版社
地　 址：北京东城区和平里北街14号（100013）
发　 行：010-64211754 84250639 64906396
网　 址：http://www.chinamzsy.com
印　 刷：北京美图印务有限公司
开　 本：1/16 160mm×230mm
印　 张：8
字　 数：30千字
版　 次：2016年7月第1版第3次印刷
ISBN 978-7-5122-0688-5
定　 价：35.00元